百年时尚摄影经典

图片里的20世纪

中国民族摄影艺术出版社

百年时尚摄影经典

100 Years of
Fashion
Twentieth Century in Pictures

图片里的20世纪

图书在版编目（CIP）数据

百年时尚摄影经典 / （英）罗伯茨（Roberts,E.）编
著；王烁译. -- 北京：中国民族摄影艺术出版社，
2012.3
  书名原文：100 Year of Fashion Twentieth
Century in Pictures
  ISBN 978-7-5122-0197-2

  Ⅰ.①百… Ⅱ.①罗… ②王… Ⅲ.①服装艺术－世
界－摄影集 Ⅳ.①TS941.7-64

  中国版本图书馆CIP数据核字(2012)第044761号

Original Title :
Text © Ammonite Press ,2009
Images © Press Association Images,2009
This translation of 100 Years of Fasion ISBN 978-1-906672-26-3 is published by arrangement with
Ammonite Press an imprint of AE Publications Ltd.

著作权合同登记章图字01-2011-7626

百年时尚摄影经典 图片里的20世纪

图　　片：英国国家通讯社（Press Association）
编　　著：（英）伊丽莎白·罗伯茨（Elizabeth Roberts）
翻　　译：王　烁
封面设计：吴　旗
责任编辑：殷德俭

出　　版：中国民族摄影艺术出版社
地　　址：北京东城区和平里北街14号（邮编：100013）
网　　址：www.chinamzsy.com
印　　刷：北京昊天国彩印刷有限公司
版　　次：2012年4月第1版
印　　次：2012年4月第1次印刷
开　　本：889毫米×1194毫米 1/20
印　　张：15
印　　数：1-3000册
I S B N：978-7-5122-0197-2
定　　价：88.00元

P2，纽伯勒（Newborough）女士和同伴在皇家爱斯科赛马会上。 1910年6月

P5，超模Twiggy穿着热裤，现身伯特伦·米尔斯马戏团。1967年1月1日

P6，在自然历史博物馆举办的伦敦时装周上，模特们——包括超模凯特·莫斯（Kate Moss）（右起二人）和米克·贾格（Mick Jagger）之女杰德（Jade）（右）——在马修·威廉姆森（Matthew Williamson）的秀场后台等候。 1997年9月26日

导言

　　时尚的灵魂是变——衣裙短了又长，腰身有了又无，裤子肥了又瘦，领子大了又小。但这些变化都在不经意间发生，直到我们回望自己十年、二十年、乃至五十年前所穿的衣服，蓦然发现它们已如此"老土"。我们或以嘲弄和大笑向它们问好，或陷入追忆往昔的惆怅。只消一瞥，我们就能将某件衣服归位于它所属的年代。不过，除非你有个无比巨大的衣柜，或者从不扔东西，发现曾经的时尚的最好办法还是看照片。越出自己的生命界限，我们或许还想知道我们的父母和祖父母都穿点儿什么。

　　就时尚的历史而言，英国国家通讯社的档案库是个相当惊人的资料来源。除了那些不同年代的摄影师有意拍摄的时尚照片，尚有成千上万出于各种原因被认为具报道价值而被摄入镜头的人——他们都穿着衣服。照片里在伦敦参加游行的优雅女士[1]，或穿着迷你裙的Twiggy[2]，告诉我们历史发展的轨迹，以及这种发展怎样改变着我们的思想和衣装。鸿沟存在于优雅女士们的优雅庄严，和维维安·韦斯特伍德[3]离经叛道的设计之间。而英国国家通讯社以一种前所未有的方式于底片上捕捉到了这种种变化。

　　时光流逝，摄影开始更加自觉地记录历史。各种事物都变得有报道价值——同时，时尚自身也风头日盛。从1960年代的摇滚流行偶像到1990年代的设计师品牌，我们对时尚兴趣空前。手握大把钞票，身处崇尚年轻的文化潮流中，我们更有钱也更有闲捯饬自己、关注衣装。

　　20世纪是个剧烈变革的世纪：不论是政治上、科技上还是文化上，这些变革影响着过去百年间霎来即去的时尚。本书中复制的照片记录了这些变化，从中我们可以追溯传统，重寻自己的前世、甚或前辈的前世。这是我们于时尚中彰显的历史。

1　妇女参政权论者。
2　本名Lesley Hornby，20世纪60年代最有影响力的模特，"Twiggy"是一个绰号，因为她矮小的身材、未发育的胸部以及细骨伶仃的长腿，看起来像一个用小树枝拼出来的假人。她的出现如同一场革命，彻底改变了人们对美的定义。那种没有曲线的、雌雄同体的形象风靡了那个时代的欧洲与美国并影响至今，Kate Moss刚出道时就被称作Twiggy的翻版。
3　Vivienne Westwood，英国时装设计师，时装界的"朋克之母"。她使摇滚具有了典型的外表：撕口子或挖洞的T恤、拉链、色情口号、金属挂链等，并一直影响至今。

Ada Reeve（艾达·里夫），英国戏剧、电影演员。 1903年

艾米琳·潘克斯特
（Emmeline Pankhurst），
妇女社会政治联盟的创始人，
妇女参政权运动的重要领导
人。 1903年3月

对页：一位年轻女士，"蝴蝶"马戏团的成员之一，坐在窗边缝衣。1906年

女演员莉迪亚·亚娃斯卡（Lydia Yavorska），后成为巴利亚廷斯基公主。 1904年

安杰拉·伯德特–库茨
（Angela Burdett–Coutts），伯
德特–库茨第一男爵夫人，19
世纪晚期最富有的英国女人
之一，查尔斯·狄更斯的好
友。活跃于监狱改革运动。
1906年

在为庆祝舞台明星艾德娜·梅
（Edna　May）婚礼而举行的
网球聚会上，来宾们的衣着展
示了爱德华时代风尚的极致。
1906年8月

国王爱德华七世（King Edward VII）和亚历山大女王（Queen Alexander）在考斯的怀特岛。1907年

法国时尚设计师加布里埃·波
纳·可可·香奈儿（Grbrielle
Bonheur Coco Chanel）。
1907年

温斯顿·丘吉尔（Winston Churchill）（右），时任贸易委员会主席。1908年

女演员伊娃·摩尔（左）参加妇
女参政权运动的游行。 1908年

妇女参政权论者在伦敦举行
游行，抗议其成员第一次被
捕。 1908年

温斯顿·丘吉尔之妻克莱门蒂娜（Clementine）和威斯敏斯特市长在威斯敏斯特皇家园艺大厅的一个集会上。1909年

督政府时期风格的衣服。督政府时期风格曾盛行于18世纪晚期，其高腰和褶皱裙元素来源于新古典主义。19世纪晚期，女演员莎拉·贝恩哈特（Sarah Bernhardt）在戏剧《托斯卡》中的穿着使此风格再度流行。巴黎时尚设计师们快速吸收了这一灵感并设计出基于此风格的服装。 1910年

亚历山大女王和她的狗的早
期照片，摄于去往考斯途中的
皇家游艇上。 1910年

对页：萨瑟兰公爵夫人（The Duchess of Sytherland）（左）和罗莎贝尔·厄斯金（Rosabelle Erskine）女士在公爵夫人的游园会上。1910年

普鲁士公主维多利亚（Princess Victoria of Prussia）和公主玛丽（Princess Mary）与她们的狗，摄于汉普郡奥尔德肖特的皇家穹顶宫外。1911年

布鲁克(Brooke)女士在她孩子
的洗礼仪式上。 1911年

女裁缝们为乔治五世(George V)
加冕制作长袍。 1911年

制作国王加冕用的裙裾，用到
了貂皮。 1911年

女演员伊娃·摩尔（左）在一次
妇女参政权运动的游行上。
1911年

对页：游园会上的客人们。
1911年8月

妇女们正在玩保龄球。
1911年

女王玛丽身穿加冕礼服。这身行头将被她穿着在印度的德里杜尔巴[1]上被加冕为印度女皇。 1911年12月

1 Delhi Durbar，在英属印度时期的德里周边地区，杜尔巴的涵义引伸为"正式的社交聚会"，这些社交聚会统称为德里杜尔巴。1911年12月为祝贺乔治五世登基而举行的杜尔巴被称为历史上最盛大的德里杜尔巴，乔治五世和玛丽王后穿戴着加冕的礼服亲身出现在聚会现场。

威尔科克夫人(Mrs Wilcock)
动感十足的打高尔夫球动作。
1912年

俄罗斯芭蕾舞女演员安娜·巴甫洛娃，她被认为是历史上最著名的古典芭蕾舞演员之一。此刻她正穿着督政府时期风格的裙子。 1912年6月

巴甫洛娃和她的猫在花园里。
1912年6月

希腊公主爱丽丝，安德鲁王
子之妻，爱丁堡公爵之母。
1913年

探戈舞者Petit and Petite在伦敦歌剧院。 1913年

周边地区的妇女参政权论者
骑车去伦敦参加她们的活
动。 1913年

普鲁士公主维多利亚·路易斯，布伦瑞克公爵夫人。1914年

亚历山大女王正在参观失明工
人制作钢琴部件。戴顿·普罗
宾爵士（Sir Dighton Probyn）
站在她身后。 1915年

对页：尊敬的狄龙夫人（Mrs
Dillon）（右）和同伴们在爱斯
科赛马会上。
1914年6月20日

对页：巴登·鲍威尔（Baden Powell）女士在巴特西公园检阅女童子军仪仗队。
1916年6月

威斯特·蒂利（Vesta Tilly），
女扮男装艺人，那个时期重要
的综艺剧院明星。 1915年

演员及歌手乔斯·柯林斯
（Jose Collins）于英国皇家植
物园。 1917年6月

杜克公爵皇家军事学校的女警
察们在白金汉宫列队。　1919
年7月25日

威尔顿（Wilton）伯爵夫人在埃奇韦尔参加妇女议会高尔夫球锦标赛。 1920年6月25日

女演员维欧拉·崔（ViolaTree）暂时放下工作参加在白金汉郡兰利举办的演艺界国际板球锦标赛。 1921年6月20日

对页：戴安娜·达芙·库珀（Diana Duff Cooper）女士和她的丈夫、英国外交官阿尔弗雷德·达芙·库珀（Alfred Duff Cooper），出席在伦敦斯卡拉剧院举行的无声电影《当骑士在花中》的慈善义演。
1922年10月2日

路易斯·蒙巴顿勋爵（Lord Louis Mountbatten）和埃德温娜·阿什利（Edwina Ashley），即后来的蒙巴顿夫人，在威尔士王子访问印度期间在印度。
1922年2月10日

巴克卢（Buccleuch）公爵（左）、布坎南–贾丁（Buchanan–Jardine）夫人、罗伯特·布坎南–贾丁（Robert Buchanan–Jardine）爵士在举办于洛克比的牛奶城堡的苏格兰基督教青年会全国服务基金游园会上。 1923年6月1日

约克（York）公爵，即后来的国王乔治六世，和伊丽莎白·波伊丝-利昂（Elizabeth Bowes-Lyon）女士（即后来的伊丽莎白女王，伊丽莎白女王二世之母），正在为他们的官方订婚照摆姿势。
1923年1月18日

对页：伊丽莎白·波伊丝—利昂女士离开她位于伦敦布鲁顿街的家，前往威斯敏斯特大教堂参加和约克公爵的婚礼。1923年4月26日

英国杂耍剧院明星乔治·罗比（George·Robey）和阿尔玛·阿代尔（Alma·Adair）正在为在柯文特花园上演的时事讽刺剧《你真愚蠢》进行电台排练。1923年1月18日

对页：耶尔弗顿（Yelverton），一只以300英镑的价格在慈善义卖上被收领的狗，正在被泰茜·沃伦（Tessie Warren）在马尔伯勒爵府展示给亚历山大女王（Queen Alexandra）。1923年6月13日

伊丽莎白·波伊丝–利昂女士和约克公爵婚礼来宾。前排：（从左至右）路易斯·蒙巴顿女士（Lady LouiseMountbatten），米尔福德·黑文侯爵夫人（Marchioness of Milford Haven），希腊公主安德鲁（Princess Andrew）。中排：未知。后排：（从左至右）瑞典王储，路易斯·蒙巴顿勋爵（Lord Louis Mountbatten），米尔福德·黑文侯爵（Marquess of Milford Haven），希腊王子安德鲁（Prince of Andrew）。1923年4月26日

对页：路易斯·蒙巴顿女士和希腊公主西奥多拉（Princess Theodora）（左）、希腊公主玛格丽塔（Princess Margarita）（右），她们是希腊丹麦王子安德鲁的女儿。1923年7月1日

继承了亡夫爵位的米尔福德·黑文侯爵夫人（左起二人）参加路易斯·蒙巴顿女士和瑞典王储在圣詹姆斯宫皇家教堂举办的婚礼。两位伴娘——希腊公主西奥多拉和希腊公主玛格丽塔——以及希腊安德鲁王子（右）、安德鲁公主（左）陪伴在其身边。1923年11月3日

演员及歌手杰茜·马修（Jessie Matthews）。她后来为知名出版机构发行的《淫荡的女主角》配音。之后又担任BBC广播剧《戴尔夫人日记》中戴尔夫人一角。 1924年

对页：奥斯丁·张伯伦（Austen Chamberlain）和妻子一起出席一个婚礼。1924年6月2日

约克公爵夫人（Duchess of York）（左）访问"免得我们忘记协会"在莫里斯和汉普顿宫的分支机构。这是一个伤残退役军人组织。1924年

亚历山大女王在巴莫拉尔的岩石花园。1924年9月18日

罗齐·桃丽（Rosie Dolly）透过一个貌似镜子的东西看着她的双胞胎姐妹詹妮·桃丽（Jenny Dolly）。两人是出名的杂耍剧院演员和电影明星，人们称她们为"桃丽姐妹"。1924年12月16日

美国演员约翰·巴里莫尔（John Barrymore）和英国舞台明星菲·康普顿（Fay Compton）在伦敦海马基特剧院后台入口，他们正在这个剧院演出《哈姆雷特》。1925年2月12日

对页：网球运动员（从左至右）
琼·莱西特（Joan Lycett），E·
科利尔（E Colyer），凯思琳·"
小猫"·戈弗里（Kathleen
'Kitty' Godfree），贝蒂·
纳托尔（Betty Nuthall）。
1927年6月25日

英国舞台及荧幕明星杰茜·马
修。1928年3月24日

对页：两位初入社交界的上流社会年轻女子离开美国妇女俱乐部前往伦敦白金汉宫参加聚会。在左边有一位伤残退伍军人端着托盘，这种场景在一战后很常见。 1929年5月9日

高尔夫冠军乔伊斯·维瑟德（Joyce Wethered），她被认为是有史以来英国最伟大的女高尔夫球运动员。1929年3月10日

在泰晤士河畔沃尔顿假期露
营中的妇女们正享受悠闲的午
后时光。 1929年5月25日

约克公爵夫人和她最大的女
儿伊丽莎白出席在伦敦朗兹广
场举办的伤残退伍军人刺绣
展。 1929年6月12日

著名皇室舞蹈教师夏娃·泰尼格特·史密斯（Eve Tynegate Smith）和她的舞伴。
1929年8月5日

身着泳衣的年轻姑娘们享受着赫特福德郡多布堰狂欢节的欢乐气氛。 1929年8月6日

英国演员及歌手格蕾西·菲尔兹（Gracie Fields）为"表演大事"青年女子自行车锦标赛冠军颁发奖杯。《表演大事》由西区剧院出品，在维多利亚大剧院上演。1929年9月28日

对页：一位男士穿着"牛津裤"。之所以这么称呼这种裤子，是因为它受到了牛津大学男生的偏爱。1930年

电话培训学校里一节关于电话
交换台的课程。 1930年6月

英国女飞行先锋艾米·约翰逊
（Amy Johnson）在伦敦飞机
俱乐部。在20世纪30年代，她
创造了大量长距离飞行纪录，
在第二次世界大战期间参加
了航空运输辅助服务。她死于
1941年的一次运渡飞行中。
1930年6月10日

时尚设计师诺曼·哈特内尔
（Norman Hartnell）被拍进
《Movietone新闻》，身边模特
们穿着由他设计的将在巴黎T台
上展示的服装。1930年6月28日

对页：穿着长罩衣的工厂女工
和她们的领班——一些女工穿
着工作用木底鞋。1930年7月

对页：爱斯科皇家赛马会的第一日是盛装的好机会。
1931年6月16日

英国小说家和传记作家南希·米特福德（Nancy Mitford）。
1931年

玩台球的女士们。
1932年3月7日

"正确使用扇子很重要"——
刚刚踏上舞台的年轻女演员在
接受舞蹈及仪态教师约瑟芬·
布拉德利（JosephineBradley）
的指导，为即将到来的在白金
汉宫的演出作准备。
1932年4月28日

对页：宾客们出席在白金汉宫举行的皇家游园会。
1932年7月21日

玛格丽特·惠格姆（Margaret Whigham）和伙伴出现在爱斯科皇家赛马会的"仕女日"上。
1932年6月14日

约克公爵夫人和她的两个小
女儿——伊丽莎白公主（左）、
玛格丽特公主——在一个伤残
退伍军人义卖会上。1933年5
月16日

摩托赛车明星琼·里奇满（Joan Richmond）（左）和凯·彼得（Kay Petre）（右）。 1933年6月15日

英国赛马冠军戈登·理查兹
（Gordon Richards）和他的
妻子及两个儿子在滨海肖勒姆
休假。 1933年7月24日

对页："理想之家"展览上的
现代浴室。 1934年6月1日

社会名流迈克尔·达夫爵士
（Sir Michael Duff）和琼·米
莉森特·马克班克斯（Joan
Millicent Marjoribanks）婚礼上
的伴娘和仕童，婚礼在威斯敏
斯特圣玛格丽特教堂举行。他
们的婚姻在1937年宣告无效。
1935年3月5日

高尔夫高手（从左至右）伊莎贝拉·瑞本（Isabella Rieben），克拉多克–哈托普小姐（Miss Cradock ·Hartopp），阿尔尼斯女士（Lady Alness），P·赛扬夫人（Mrs P Ceron），和英国队长菲莉丝·维德（Phyllis Wade）在巴恩斯的瑞尼拉俱乐部。 1935年3月10日

度假者在远洋客轮SS维也纳的
甲板上淋浴。 1935年7月6日

英国女子高尔夫球队乘坐配合船期的列车Strathaird从圣潘克勒斯车站出发,前往澳大利亚参加比赛。(从左至右)帕姆·巴顿(Pam Barton),沃克夫人(Mrs Walker),安德森夫人(Mrs Anderson),霍德森夫人(Mrs Hodson),格林利斯夫人(Mrs Greenlees),菲莉丝·维德。 1935年7月12日

在奥林匹亚的自行车和摩托车展上，两位妇女正在试骑500cc新
帝国姐妹（左）和一辆1895年的曲柄传动摩托车（右），前者曾在
布鲁克兰兹赛道上达到每小时114英里的速度。1935年11月29日

伟大的高尔夫冠军乔伊斯·维
瑟德。 1936年1月25日

爱斯科皇家赛马会给最出色的
时尚以展现的机会。
1936年6月15日

没有什么场合比爱斯科皇家赛马会更能鼓励人们盛装打扮了。
1936年6月19日

对页：在爱斯科皇家赛马会上有的人总能比其他人有更高的回头率。 1936年6月19日

辅助消防队的两名成员在休息时做针织活儿。 1938年6月

一组妇女飞行员和她们的飞行
用具与降落伞。
1939年6月15日

一位年轻女士"近距离"观看
亨利皇家赛舟会的比赛。
1939年7月8日

妇女们带着她们的防毒面具去上班。自1939年初，伦敦开始备
战，由此空袭、防毒面具和疏散演习成为了日常生活的一部分。
1939年8月

夜总会的歌舞女郎们在天堂俱乐部。
1939年12月16日

被选作英国皇家海军女子服务队征兵广告模特的一位服务队成员和已完成的广告设计。1941年1月

来自陆军、海军和空军的妇女
排成一队。她们的制服由英国
羊毛制成。1941年1月

空军妇女辅助队在中东地区使用的热带制服。
1941年6月27日

诱人的橱窗展示鞋——不幸的是，布告上说它们是非卖品。1945年10月

战后时尚界最重要的事件——
"新风貌"。这件灰色毛绒女
士紧身外衣由蓝白点人造丝装
饰。人造丝是一种半合成纤维，
近来已被广泛使用。
1946年1月23日

"风车女孩"在亚历山大宫的电视工作室彩排。伦敦的风车剧院因裸体"活人造型"而出名。在其"活人造型"中,女孩们赤身露体,静止不动。当时对她们流行的称呼是"裸而不俗"。
1946年4月10日

对页:一项与众不同的绿毛粘帽,用到了鹦鹉翅膀上的羽毛。
1946年5月5日

在约克郡法利的巴特林斯假日野营地，一位女潜水员从度假者那儿借火点着自己的香烟。
1946年6月28日

某个报幕员比赛的获胜者西尔
维娅·彼得斯（Sylvia Peters）在
亚历山大宫报幕。
1947年5月5日

女演员波莱特·戈达德，她的发
型被称为"卷发烫"。
1947年5月21日

对页：年轻的伊丽莎白公主出席在市政厅举行的庆祝伦敦解放的仪式。这是她第一次单独出席重要的庆典仪式。
1947年6月1日

一位女警察用喇叭和麦克风指挥交通。 1947年6月18日

对页：帽子一直以来都是在爱斯科皇家赛马会上吸引眼球的利器。 1947年6月18日

艾琳·克利福德（Irene Clifford）在爱斯科皇家赛马会上穿的这双鞋是她爸爸做的。 1947年6月19日

伊丽莎白公主（中）和玛格丽特公主（右）在伦敦郡议会主席为国王和王后举办的招待会上。 1947年7月8日

女演员玛格丽特·洛克伍德（Margaret Lockwood）出席在摄政街新画廊影院举办的电影《白色独角兽》首映式。1947年10月20日

对页：和一般用蜡制成的模特不同，摄政街上这处橱窗展示用的是真人模特。
1948年1月22日

在他们的婚礼结束后，伊丽莎白公主和爱丁堡公爵正离开威斯敏斯特大教堂。
1947年11月20日

又到爱斯科皇家赛马会的时节,这回入镜的是伊丽莎白·谢莉(Elizabeth Shelley)。
1948年6月15日

演员及导演理查德·阿滕伯勒
（Richard Attenborough）和
他的妻子希拉·西姆（Sheila
Sim）在莫登·霍尔公园的电影
游园会上。1948年7月10日

对页：戏剧《艺海浮生》中的全体模特：（从左至右）深蓝色和高领晚间便服，两件带苏格兰褶皱短裙的苏格兰高地晚礼服夹克，晚礼服猎装。1948年9月14

23岁的电影演员昂娜·布莱克曼（Honor Blackman）骑着摩托驶过海德公园。
1949年5月9日

对页：《塔塔沙司》的演员们在伦敦剑桥艺术剧院。（从左至右）奥德·约翰森（Aud Johannsen），尼娜·塔拉卡诺娃（Nina Tarakanova），奥黛丽·赫本（Audrey Hepburn），马拉娜（Marlana）。1949年5月13日

奥黛丽·赫本和一只蓝紫金刚鹦鹉交上了朋友。
1949年12月1日

摄政街上的一家商店里，学生们学
习如何装扮橱窗。 1950年2月18日

电影演员齐娜·马歇尔（Zena Marshall）为泳衣做模特。这件泳衣由前工程师H·杜·克罗（H Du Cros）设计。

1950年5月12日

电影《管家有看到》中的年轻女星默西·黑斯埃德（Mercy Haystead）为一件19世纪80年代的带衬垫支架的紧身胸衣做模特。《管家有看到》是一部拍摄于1950年的隐晦色情片。1950年6月23日

克里斯汀·迪奥（Christian Dior）设计的服装在伦敦沙威酒店展示。 1950年8月25日

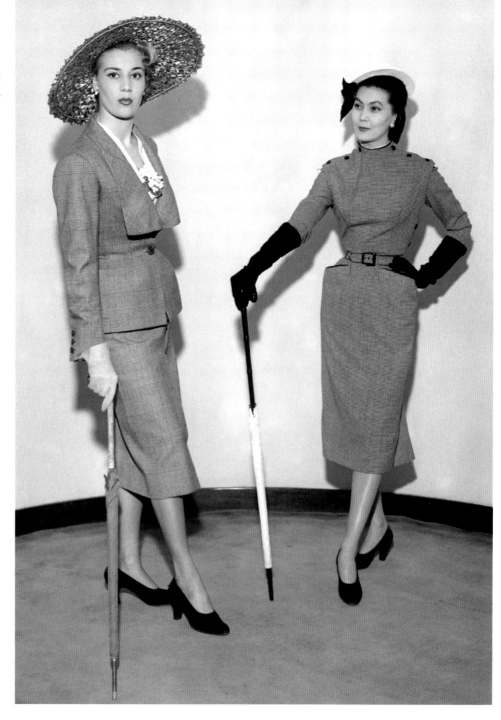

模特芭芭拉·戈伦（Barbara Goalen）身穿伊恩·梅雷迪恩两件套。1951年3月19日

对页：由时尚学院学生设计的沙滩服在皇家艺术学院的年度时装展上展示。
1951年7月2日

对页：演员奥黛丽·赫本到达伦敦机场。 1953年5月21日

演员伊丽莎白·泰勒（Elizabeth Taylor）到达电影《提灯天使》的首映式。她的丈夫迈克尔·怀尔丁（Michael Wilding）在影片中担任主演。
1951年9月22日

对页：玛格丽特公主正离开伦敦格罗夫纳酒店。
1953年6月10日

来自时尚学院的玛丽·勒南顿（Mary Lenanton）设计的红色马裤和绿色缎子上衣在皇家艺术学院进行展示。
1953年7月1日

12位顶级设计师设计的春装
系列中的套装。
1954年2月8日

马提利（Mattli）设计的晚装，出自12位顶级设计师的春装系列。1954年2月8日

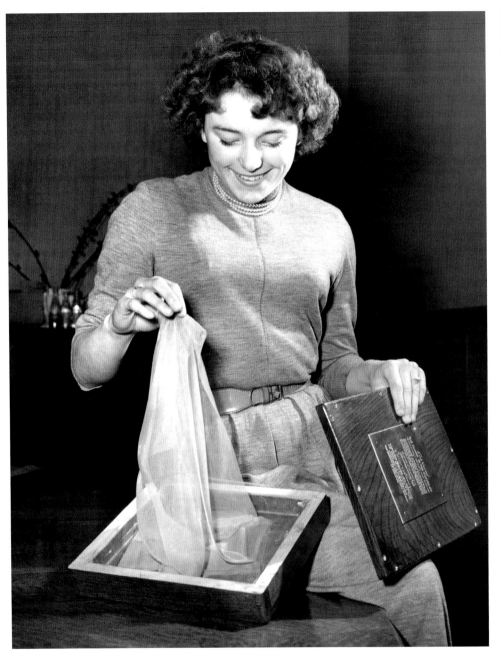

对页: 由杰奎斯·菲斯 (Jacques Fath) 设计的晚装在伦敦时装秀上。 1954年9月29日

马盖特的新克林格工厂的开张仪式上,一双尼龙丝袜将被放在一个衬铅的木头匣子里埋入地下。这双丝袜就是在此工厂制造的。 1954年4月7日

对页: 杰奎斯·菲斯设计的冬装。 1954年9月29日

彼得·洛塔斯 (Peter Roats) 春装系列中的黄色捷豹棉套装。 1954年12月3日

将幽默和实用融为一体——帽子的边袋里放着小缝纫工具箱。由玛奇·查德（Madge Chard）设计。 1954年12月3日

玛吉·罗夫（Maggy Roff）春装系列中的一件连衣裙，由拉西米尔绸（一种丝绸织物）制成。
1954年12月15日

对页：穿在套装外的黄色羊毛胸衣，由查尔斯·克里德（Charles Creed）设计。
1955年1月27日

尼尔·罗杰（Neil Roger）设计的白狐皮草和丝绸紧身衣。
1955年2月7日

由法国紧身胸衣界制作的白色
尼龙雪纺绸内衣在伦敦沙威酒
店展示。 1955年2月10日

迪格比·莫顿（DigbyMorton）
设计的运动夹克上衣。
1955年2月10日

皮埃尔·巴尔曼（Pierre Balmain）设计的沙滩系列中的泳衣和短外套。
1955年3月10日

由马蒂塔（Matita）设计的山
东绸透明硬纱连衣裙。
1955年3月11日

一件由干硅制成的冬季运动
服。这种新材料表面有硅树脂
涂层，使其可防水。这件运动
服在公园巷的干硅时装展上展
出。1955年11月21日

演员海伦·布朗的腿被测量长度，以参加"演艺界最长腿"1956年度的角逐。 1956年2月25日

白金相间的锦缎套装。由卢勒克斯
大楼设计师杰奎斯·菲斯设计。
1956年9月26日

模特芭芭拉·门多萨（Barbara Mendoza）身穿由查尔斯·克里德设计的连衣裙和夹克。查尔斯·克里德当时在伦敦拥有自己的服装设计店。
1957年1月24日

对页：一位年轻女子坐在肯特郡的一处果园里。
1957年4月1日

由女帽设计师西蒙娜·米尔曼
（Simone Mirman）设计的带
有蘑菇和毒菌的帽子。
1957年1月24日

对页: 在伦敦德里大厦展示的男士秋帽。 1957年10月31日

汗布T恤和牛仔裤——汤米·斯蒂尔(Tommy Steele)摇摆乐风尚的一部分,由泰迪·廷灵(Teddy Tinling)设计。1957年5月14日

塞林科特及子弟公司出品的亚麻印花"气球"沙滩服。
1957年11月7日

黑色单珠地高腰裤配杂色衬衫,豪洛克希思(Horrockses)公司出品。
1958年2月26日

对页：马库萨（Marcusa）秋装
系列。 1958年4月30日

黑缎短裙和玫瑰吊带袜。
1959年2月2日

粉色和深紫红格子滑雪毛衣配淡粉色滑雪裤，莉莉怀茨公司出品。 1961年10月3日

克里斯汀·迪奥1962年伦敦春
装系列中的绿色花呢大衣。
1961年11月22日

巴黎欧莱雅在其伦敦伯克利
广场的新陈列室里展示最新
的发型。 1962年1月9日

对页：演员弗兰西丝卡·安妮
丝（Francesca Annis）在伦
敦为诺埃尔·考沃德（Noel
Coward）在西区剧院上演的
音乐剧《起航远行》试音。
1962年1月25日

对页：由西蒙娜·米尔曼设计的橘色金盏菊无檐帽，伦敦时尚设计师联合会春装系列。1962年1月29日

凯泽春装系列中的"洋娃娃"印花细薄棉布睡衣（左）和全身尼龙睡衣裤。 1962年1月31日

对页：传统的圆顶高帽的新样
式。　1963年7月1日

真丝重绉长款侧褶皱露背晚
装，罗纳德·佩特森（Ronald
Paterson）设计。
1962年3月1日

罗纳德·佩特森设计的黄色羊
毛旅行装，搭配豹纹高圆领无
袖毛衣和相配的帽子以及棕
色的膝皮靴。
1963年8月19日

前拉链式可拆卸领圈PVC外套，花格棉布里衬，搭配黑色高筒皮靴。1963年11月20日

对页: 黛安芬1966年国际春夏
时装展上的沙滩服。
1965年10月20日

超模简·诗琳普顿（Jean Shrimpton）在希思罗机场等候去罗马的班机。
1966年2月23日

对页：自称"英国迷你裙促进协会"，这些年轻女士在克里斯汀·迪奥的时装店外抗议他新推出的过膝时装产品。
1966年9月6日

超模贝蒂·伯伊德，乔治·哈里森前妻，身穿奥西·克拉克（Ossie Clark）设计的连衣裙。
1966年3月21日

对页：新婚内衣及家常服在凯泽春装系列时装秀上被展示。
1967年1月10日

瑞尔顿−迪格比·莫顿集团出品的"热度装"。
1966年9月21日

对页：在电影《摩洛哥7》中担任演员的模特们身穿塞尔弗里奇小姐的詹特森·摩洛哥7系列。这部电影在摩洛哥拍摄外景。 1967年3月30日

弗格森斯出品的棉华达呢海滩装。 1967年5月11日

伦敦时装学院的三名学生在骑士桥街一家商店的橱窗里进行"争分夺秒"荧光画马拉松比赛。欧普和波普风的设计图案被画在爽健凉鞋上。这三位学生是（从左至右）萨利·马赛厄斯（Sally Mathias），塞丽娜·弗伦奇（Serena French），安杰拉·柯林斯（Angela Collins）。 1967年7月26日

对页：玛丽·奎恩特（Mary Quant）在伦敦展示她的新鞋设计。 1967年8月1日

对页：出发前往莫斯科之前，英国模特在希思罗机场。作为前苏联国际时装节的参与者她们为英国服装出口委员会工作。
1967年9月1日

玛丽·奎恩特设计的服装。她因波普艺术风的设计而闻名，也是迷你裙的鼓吹者之一。
1967年8月1日

印花雪纺绸连衣裙，带有双层
鸵鸟毛卷边。 1967年9月5日

蓝绿格男士西服三件套，100%
伊夫纶变性粘胶纤维制成。这
是一种经过防皱处理的强化
面料。　1968年2月26日

对页：卡尔纳比街上简女士精品店的女售货员玛琳·麦克唐纳（Marlene McDonald）为最新的时尚做模特——一条迷你裙，搭配一件单独为每位顾客量体制作袖子的上衣。
1968年12月9日

法国歌手弗朗西丝·哈代（Francoise Hardy）身穿全金属裤套装在伦敦堤岸公园。这身衣服有2000个链环，穿上它要花一个多小时。
1968年4月23日

对页：这种发型被称为"安吉利科式"，灵感来源于这位意大利画家的宗教壁画。
1969年7月26日

以撞色裤腿的紧身裤与循规蹈矩决裂。　1969年4月18日

一位模特身穿冬季系列中的某
一款长裙。 1969年9月1日

对页：克里斯汀·迪奥秋季系
列中的一款套装。
1969年9月9日

对页：克雷奈特的泳帽精
选。1969年9月18日

最新意大利男装在伦敦展出。
1969年9月30日

百年时尚摄影经典·图片里的20世纪

对页：20世纪70年代女鞋秀——或者是发型秀？鞋（从左至右）分别为洛特斯（Lotus）的"埃特纳"和"酷途"，乔治·W·沃德（George W Ward）的"海德"，雷恩（Rayne）的"埃尔斯特里"和萨克松的"星界"。 1970年1月12日

伊夫·圣·洛朗"男男女女"创意，在他位于伦敦布朗普顿路的新男装店左岸开张仪式上。1970年12月7日

对页：玛丽琳·沃德（Marilyn Ward）——那一年度的"英格兰小姐"——在她自己位于汉普郡的商店"小小精品店"外。1971年5月8日

艾尔格设计的棉布女士紧身连衣裤，运用了白色、海蓝色、红色和黄褐色。 1971年5月4日

耶格1971年度服装：（左）棕色印花连衣裙配仿麂皮腰带，（右）淡紫印花连衣裙配仿麂皮腰带。 1971年6月2日

格拉斯顿伯里音乐节上的两位
年轻女士。　1971年6月23日

克拉夫定制服装系列中一件
以圆盘为元素制成的及膝连
衣裙。 1971年7月13日

对页: 模特们身穿伊夫·圣·
洛朗 "男男女女" 创意服装为
一场慈善时装秀排练,这场时
装秀将在伦敦天文馆内展示
给玛格丽特公主。他们穿着单
面布裤子,绒面革鞋,印花T
恤,针织背心和防水夹克。
1971年9月27日

对页：前卢森堡电台的音乐节目主持人堂·莫斯（Don Moss）为一位脚蹬白色PVC靴的模特拍照。 1971年11月5日

在希思罗机场，女演员安·玛格丽特（Ann-Margret）身穿男式西服，头戴软毡帽，翻领上别一朵红色康乃馨。她的同伴罗杰·史密斯（Roger Smith）则穿了类似款式的细白条纹海蓝色西服。他们正准备飞往洛杉矶为她的电影《猎爱的人》作宣传。1972年1月28日

马提利春装系列中一件咖啡白
条纹丝绸连衣裙。
1972年3月2日

对页：曼联队明星乔治·贝
斯特（George　　Best）被"匪
徒们"——四位曼彻斯特模
特——围绕。模特（从左至右）：
卡罗琳·摩尔（Carolyn Moore），
凯西·安德斯（Kathy Anders），
维丽娜（Verena），曼迪·普雷斯
顿（Mandy　Preston）。她们在为
贝斯特和伦敦某家时装商店共
同组织的一场曼彻斯特时装秀
做模特。 1972年4月29日

百年时尚摄影经典·图片里的20世纪

对页：23岁的黛安·马修（Diane Matthews）以在伦敦"幻圆"协会总部门外焚烧自己胸罩的方式抗议性别歧视。此协会力致于发展魔术事业，在那个时代魔术行业只有男人能加入。 1972年5月21日

模特乔·霍华德（Jo Howard）身穿羊毛晴纶套装。她后来嫁给了滚石乐队的吉他手罗尼·伍德（Ronnie Wood）。1972年9月29日

对页：蓝白刺绣雪纺连衣裙，外罩褶皱披肩。西娅·波特（Thea Porter）夏季系列。1972年9月5日

"沐浴爱河"——诺曼·哈特内尔（Norman Hartnell）设计的粉绿绣花连衣裙配透明硬纱外套。 1973年3月6日

摇滚明星：滚石乐队的米克·
贾格（Mick Jagger）。
1973年10月1日

灰棕方格裤装配衬衫和软毡帽，印花连衫褶皱裙。两者都出自吉恩·艾伦（Jean Allen）的秋冬系列。 1974年6月10日

对页：卢埃特·惠特比（Louette Whitby）系列中的一件晚装，由银蓝交织锦缎外套和银白金银纱裤子组成。1974年6月26日

在塞尔弗里奇时装秀上的一系列皮草中，这件鼠毛皮长大衣以3500英镑登上价格榜榜首。1974年9月10日

对页：俄罗斯风影响了西娅·波特的春装系列，不过还是保持了他强调感官刺激和异国情调的一贯风格：（左）红色雪纺，（右）黑色乔其纱，都带有金色刺绣。1974年11月28日

"苹果馅饼"——带有白色单珠地领子的棕白条纹颈背系带连衣裙，玛丽·奎恩特1975年夏季系列。 1974年11月20日

"碰碰车"（左），由克林普纶、化纤和丝绸制成的灰色和米黄色连身裤。"阿拉伯花饰"（右），由印花克林普纶制成的淡灰绿色和褐色连身裤搭配填棉刺绣夹克。来自玛丽·奎恩特春季系列。
1975年10月8日

哈代·埃米斯（Hardy Amies）
为英国航空公司协和式客机
乘务组设计的制服。
1976年1月14日

发型师维达·沙宣（Vidal Sassoon）在皇家艾尔伯特音乐厅一个为期两天的公开展览中展示自己的设计。
1976年1月26日

蓝白条纹衬衫配同款头巾,下穿海蓝色裙子。来自玛丽·奎恩特的设计。1976年4月7日

对页：起飞前往格拉斯哥参加英国本土锦标赛决赛前，足球明星凯文·基冈（Kevin Keegan）（左），格里·弗朗西斯（Gerry Francis）（中）和米克·钱农（Mick Channon）在希思罗机场。 1976年5月12日

英国流行音乐明星洛·史都华（Rod Stewart）和瑞典女电影演员布里特·艾克拉诺（Britt Ekland）到达巴黎。 1976年4月28日

名叫"方格"的黑白格土耳其式连衣裙，100%代塞尔醋酯长丝制成。出自吉恩·艾伦春秋系列。 1976年11月26日

将在电视剧《圣者归来》中扮演西蒙·坦普勒（Simon Templar）的演员伊安·欧吉尔维（Ian Ogilvy）坐在一群年轻女子中间。 1977年4月28日

"小混混"们在切尔西国王路
阅读关于他们和朋克们争斗
的报道。 1977年7月30日

饱受争议的朋克摇滚乐队"性手枪"的成员席德·维瑟斯（Sid Vicious）（左）和强尼·罗顿（Johnny Rotten）在希思罗机场准备前往卢森堡。他们在走向飞机的过程中大声辱骂记者和摄影师。
1977年11月3日

这件被命名为"夏威夷"的毛巾布条纹连衣裤出自萨那拉玛1978年度系列。
1977年11月8日

朋克乐手亚当·安特（Adam
Ant）（左）和乔丹（Jordan）
出席电影《周末夜狂热》在莱
切斯特广场帝国影院的首映
式。 1978年3月23日

纯羊毛手织毛衣，罗纹灯芯绒，印花棉布裙和皮鞋，来自莎拉−简·欧文（Sarah−Jane Owen）秋季系列。
1978年4月18日

印花比基尼和相配的围带
裙。 1978年10月12日

大卫·希林（David Shilling）设计的新一季帽子，命名灵感出于爱斯科皇家赛马会——（从左至右）"双预测"，"赛跑者多蒂"，和"首先冲过终点"。1980年6月1日

对页：20世纪40年代某种发型的改头换面。
1980年2月16日

凯文·基冈为一件设得兰羊毛
V领套头衫做模特。衣服上有
KK 标记，作为凯文·基冈系列
中的一款在哈利·芬顿男装店
售卖，零售价为7.99英镑。
1980年9月1日

软羊革和天鹅绒套装，出自古
奇秋冬系列。 1980年11月26日

对页：威尔士王妃（Princess of Wales）身穿婚纱在白金汉宫。1981年7月29日

戴安娜王妃（Princess Diana）婚礼婚纱设计师大卫·伊曼纽尔和伊丽莎白·伊曼纽尔设计的连衣裙。
1981年3月26日

对页：美国模特安杰拉·怀特
（Angela White）身穿西娅·
波特的服装在设计师的新品
发布会上。这套衣服由一件颈
背系带的上衣和前开衩的裙子
组成。 1981年10月12日

裤装配和服上衣，作为古奇春
装系列的一部分在伦敦丽兹赌
场花园里展示。
1981年11月2日

流行歌手及"最新绯闻"前成员莎拉·布莱曼（Sarah Brightman）身穿莎拉·赫瑟林顿（Sarah Hetherington）的手绘雪纺和红色铆钉皮革服装。1981年11月30日

流行组合"面孔"成员史蒂夫·
斯特兰奇（Steve Strange）。
1982年9月8日

莉娜·马斯特顿（Lena Masterton），当年的"苏格兰小姐"，身穿"爱丁堡之衣"的多色针织装在伦敦的苏格兰发展署贸易发展中心进行展示。这是"苏格兰在伦敦"宣传活动的一部分。 1983年1月19日

在托斯卡纳时装秀上，毛罗·本内德蒂（Maoro Benedetti）的一件未来风的防水丝绸装（左），和佛罗伦萨鲁弗斯的由托斯卡纳羔羊毛制成的马甲、迷你裙及相配的靴子（右）。
1983年2月21日

蝙蝠袖毛衣和丝袜，是伦敦的
芬兰服装展的一部分。
1983年5月11日

猎装风格帽子。由埃普瑟姆艺术与设计学校学生约瑟芬·玛丽·哈德孙（Josephine Mary Hudson）设计，她是大不列颠年轻设计师比赛的获胜者之一。这款帽子被复制并吸收进英国杂货联营店的售卖商品中，价格是每顶4.99英镑。1984年5月11日

舞韵合唱团的安妮·蓝妮克丝（Annie Lennox）身穿"让我们拯救世界"T恤。 1985年

蝙蝠袖上装在伦敦的苏格兰
发展署贸易发展中心举办的
时装秀上非常惹眼。
1985年2月4日

桑德拉·罗德斯（Zandra
Rhodes）在伦敦塞尔弗里奇
的新袜发布会上。
1985年4月1日

Koji羊毛羊绒系列里一件由里德
和泰勒（Reid and Taylor）出品
的标新立异的连衣裙，袖子由
带子构成。这件连衣裙用到了
罗斯郡切维厄特蓝绵羊的毛，
在爱丁堡时装节上被展示。
1985年9月21日

乔治男孩和朋友们在后台。
1985年11月5日

威尔士王妃戴安娜身穿带有深红色领结的男士无尾燕尾服，出席一个在伦敦西区某录音工作室举办的答谢聚会上。此答谢聚会由亲王夫妇发起，是为了感谢向威尔士亲王创办的王子基金会捐赠慈善单曲的流行歌手们。　1985年11月19日

澳洲细羊毛修身毛衣,橙色
和紫色蒙头兜帽,斯特拉思
克莱德区的简·杰弗里(Jane
Jeffrey)设计,在伦敦的苏格兰
设计师针织品展上展示。
1986年1月14日

佩有世家水貂皮的棕色束腰皮夹克，由哈罗高等技术学院的林恩·布彻（Lynne Butcher）设计。这件皮夹克在以"时尚皮草，今日生活"为主题的世家设计比赛中获胜。1986年2月3日

在骑士桥哈罗德百货公司展示
的图案繁密的连衣裙。前景处
的连衣裙售价249英镑——就
当时而言相当昂贵。
1986年6月13日

对页：一项由菲利普·萨默维
尔（Phillip Somerville）设计的
带"钻石"窥视孔的女帽，搭配
价值160万英镑的卡地亚黄色
钻石坠。 1987年7月16日

紧身艳色莱卡，出自酷玛夏季
系列。 1988年4月28日

黑白格夹克配紧身裙，出自路
易斯·花娃（Louis Féraud）
秋冬系列。 1989年2月28日

黛比·摩尔（Debbie Moore）
为菠萝[1]设计的连衣裙。
1989年4月27日

---

[1] 黛比·摩尔是菠萝舞蹈工作室
（Pineapple Dance Studio）的创办者。

发片歌手和艺人麦当娜在伦敦
温布利球场为74000多粉丝们
表演。
1990年7月20日

设计师阿曼达·韦克雷设计的
服装在伦敦劳埃德银行时装奖
提名仪式上。　1992年9月28日

设计师维维安·韦斯特伍德
（Vivienne Westwood）在白
金汉宫接受女王授予的不列颠
帝国勋章——她没穿内裤
1992年12月15日

演员及模特丽兹·赫莉（Liz Hurley）身穿一件范思哲连衣裙出席电影《四个婚礼和一个葬礼》的慈善首映式。赫莉谈起这次活动时说："那件连衣裙是范思哲送给我的，因为我买不起。那儿的人告诉我他们没有晚礼服了，但新闻办公室还剩一件。"就是"这一件"让她得到了雅诗兰黛代言人的位置。1994年5月11日

威尔士王妃戴安娜身穿带有飘逸边饰的黑色褶皱雪纺连衣裙，出席伦敦蛇形画廊的聚会。连衣裙由克里斯蒂娜·斯坦波连（Christina Stamboulian）设计。
1994年6月29日

伦敦时装周上亚历山大·麦昆
（Alexander McQueen）设计
的服装。 1995年3月13日

"另类时装周"以当年组织者乐施会设计的"回收,革除,反思"在奥史皮塔尔菲尔市场拉开了序幕。

1986年3月18日

辣妹组合在全英音乐奖颁奖
晚会上登台演出。
1997年2月24日

娜奥米·坎贝尔（Naomi
Campbell）身穿贾斯珀·康兰
（Jasper　Conran）设计的蓝
色天鹅绒晚礼服配羽毛头饰，
出现在伦敦时装周的第五天。
1997年2月27日

伦敦时装周上亚历山大·麦昆
设计的镂花皮革和链条。
1997年2月27日

为伦敦时装周的开幕，超模凯特·莫斯（Kate Moss）在伦敦自然历史博物馆的台阶上面对媒体摆姿势。
1997年9月25日

超模苏菲·达儿（Sophie Dahl）参与进一个位于伦敦当代艺术学会的特殊视觉艺术画廊活动，这个活动灵感来源于并运用了玉兰油全新的色系化妆品。达儿女士是尼娜·桑德（Nina Saunder）观念作品不可或缺的一部分——三把用奢侈皮革包裹的椅子，粉扑和各种有趣的织物，再加一个白色人造革脚凳，上面精巧地绣着"坐我身上吧"。 1997年10月20日

伦敦时装周上，为品牌特雷斯坦·韦伯走秀的模特朱迪·基德（Jodie Kidd）在T台入口亮相。1998年9月27日

对页：在格拉斯哥的苏格兰会议展览中心，前拳击冠军克里斯·尤班克（Chris Eubank）为维维安·韦斯特伍德设计的格子呢紧身裤和羽毛上装做模特。1999年1月29日

米克·贾格和杰瑞·霍尔（Jerry Hall）之女伊丽莎白·贾格（Elizabeth Jagger）在伦敦时装周的维维安·韦斯特伍德之红标秀上首次登上英国T台。1998年9月27日

对页：伦敦时装周上，演员及歌手格雷斯·琼斯（Grace Jones）为菲利普·崔西（Philip Treacy）的一顶帽子做模特。1999年2月21日

约翰·里满奇的长款大衣内配粉色T恤和牛仔裤，展示于在伦敦皇家园艺大厅举办的男士时装周上。 1999年2月2日

伦敦时装周上，娜奥米·坎贝尔身穿英国设计师马修·威廉姆森（Matthew Williamson）设计的连衣裙。
1999年2月23日

模特苏菲·安德顿（Sophie Anderton）到达伦敦自然历史博物馆参加英国时尚大奖颁奖仪式，身穿斯特拉·麦卡特尼（Stella McCartney）设计的蔻依（Chloé）黑色连衣裙。
1999年3月17日

帽饰设计师菲利普·崔西和时尚导师伊莎贝拉·布罗到达伦敦自然历史博物馆参加英国时尚大奖颁奖仪式。布罗女士身穿亚历山大·麦昆设计的纪梵希高定服装。 1999年5月17日

奥斯卡提名女演员凯特·布兰切特（Cate Blanchett）到达加州洛杉矶参加第71届学院奖（即奥斯卡金像奖）颁奖仪式，身穿约翰·加利亚诺（John Galliano）设计的连衣裙。
1999年3月22日

博柏利（Burberry）2000秋冬
秀，伦敦时装周的一部分。
2000年2月16日

侯塞因·卡拉扬（Hussein
Chalayan）设计的木裙，伦敦
时装周。 2000年2月16日

超模劳拉·贝利（Laura Bailey）在维多利亚和阿尔伯特博物馆，身穿一件覆盖着纸币的连衣裙，纸币总价值6000英镑。这件罗素·塞奇（Russell Sage）设计的"钞票服"被不列颠金融集团捐给了博物馆，正是前者提供了制成这件衣服的20磅和50磅面值的纸币。2001年7月12日

在伦敦奥林匹亚拍卖公司展
示的一条稀罕的女内裤，由
维维安·韦斯特伍德和马尔
科姆·麦克拉伦（Malcolm
McLaren）共同设计。
2001年9月16日

在维多利亚和阿尔伯特博物馆的激进时装展上约翰·加利亚诺
的定制服装。这个展览赞美了11位先锋设计师的作品。
2001年10月16日

贝蒂·杰克逊（Betty Jackson）的时装展示于伦敦时装周的T台上。
2003年2月18日

伦敦时装周里朱利安·麦克唐
纳（Julien McDonald）时装秀
上的一位T台模特。
2003年2月19日

在伦敦伯爵宫举办的2003年全英音乐奖颁奖仪式上，"炸药小姐"（Ms Dynamite）登台演唱。 2003年2月20日

维多利亚和阿尔伯特博物馆，
桑德拉·罗德斯和摄影师兰金
（Rankin）在"再创作奖——年
轻设计天才奖"颁奖仪式上。
2003年3月19日

亚历山大·麦昆在伦敦老邦德
街的新店。
2003年5月7日

一件在维多利亚和阿尔伯特博物馆举办的"动感时尚"秀上由维维安·韦斯特伍德设计的作品。"动感时尚"秀是她在同一博物馆举办的主展的补充。2004年4月30日

伦敦时装周上，模特艾琳·欧康娜（Erin　O'Connor）身穿贾尔斯·迪肯（Giles Deacon）设计的连衣裙。
2004年9月20日

伦敦时装周上百索·布朗蔻（Basso ＆ Brooke）2006秋冬秀的一
位模特在后台。伦敦威斯敏斯特马沙姆大街BMW公园大道。
2005年2月13日

苏格兰模特斯特拉·坦南特（Stella Tennant）和设计师克里斯托弗·贝利（Christopher Bailey）在维多利亚和阿尔伯特博物馆的英国时尚大奖颁奖仪式上。英国时尚大奖意在宣扬英伦设计风格的创新性和国际影响。 2005年11月10日

贝蒂·杰克逊设计的连衣裙，在伦敦时装周设计师本人的秋冬秀上。 2006年2月16日

伦敦时装周上，一位模特身穿阿曼达·韦克雷设计的连衣裙。
2007年2月13日

在2007秋冬伦敦时装周的走
秀上，设计师贾斯珀·康兰亲
吻一位模特。伦敦，皇家艺术
学院。 2007年2月14日

对页：伦敦时装周上贝蒂·杰
克逊设计的靴子。
2008年2月12日

在新牛津街老邮局举办的伦敦
时装周上，英国演员杰美·温
斯顿（Jaime Winstone）（右）
身穿维维安·韦斯特伍德红标
服装。 2008年2月14日

伦敦时装周上模特们身穿
Topshop Unique的服装。Topshop
Unique是Topshop这个高级品
牌中的一个系列。
2008年9月14日

保罗·史密斯（Paul Smith）设计的服装，在克拉瑞吉斯舞厅举办的伦敦时装周上。
2008年9月15日

对页：贾尔斯的头盔，在伦敦市中心的牛奶工厂举办的伦敦时装周上。 2008年9月16日